AF586761

(Par M. Auguste Petit-Lafitte.)

DÉPARTEMENT DE LA GIRONDE. — ENSEIGNEMENT AGRICOLE.

# LETTRES

ADRESSÉES

## A MESSIEURS LES PROPRIÉTAIRES RURAUX ET AGRICULTEURS

DU DÉPARTEMENT DE LA GIRONDE.

---

PREMIÈRE LETTRE.

1852

DÉPARTEMENT DE LA GIRONDE. — ENSEIGNEMENT AGRICOLE.

# LETTRES

ADRESSÉES A MESSIEURS LES PROPRIÉTAIRES RURAUX ET AGRICULTEURS DU DÉPARTEMENT DE LA GIRONDE ;

*Par le professeur du Cours d'Economie rurale de Bordeaux, chargé de l'inspection agricole du département, membre de l'Académie royale, des Sociétés d'Agriculture et Linnéenne de Bordeaux; correspondant de la Société royale et centrale d'Agriculture de Paris, de celles de Toulouse, d'Agen,* etc. (1).

## PREMIÈRE LETTRE.

Des considérations physiques et morales qui militent en faveur de l'amélioration de notre agriculture; des causes diverses qui ont retardé cette amélioration; du danger qu'il y aurait à l'ajourner encore.

« Aujourd'hui que la France semble destinée à un avenir de paix et » de liberté, c'est sur le développement des ressources qu'elle renferme » et qui s'accroîtront encore par le génie de ses enfants, que doit se » fonder sa grandeur toute pacifique ; l'ambition d'y contribuer pourra » peut-être réunir, dans un même but, tant d'opinions dissidentes ».

*(Allocution du* Duc d'Orléans *au Comice de Seine-et-Oise).*

Messieurs,

Nous sommes arrivés à une époque où les esprits se montrent vivement préoccupés de l'état de l'agriculture, des développements qu'elle peut prendre, du genre d'action qu'il appartient au pouvoir d'exercer sur ce développement, des conséquences diverses qui suivront l'accomplissement de tous ces faits.

(1) Dès le début nous devons répondre à une observation qui nous a été faite quelquefois et qui pourrait être renouvelée, à propos de cet écrit et de ceux qui le suivront. Les idées que

Si cette préoccupation n'avait pour motif unique que les produits matériels de la terre, quelque importante que puisse être la nouvelle valeur que sont susceptibles de donner à ces produits la multiplication des populations et

---

vous émettez, nous a-t-on dit et nous dira-t-on peut-être encore, sont trop élevées, les *cultivateurs* ne sauraient les comprendre.

Si vous entendez par cultivateurs ces hommes, éminemment estimables sans nul doute, qui font des travaux manuels de l'agriculture leur gagne-pain; sans détour, nous vous répondrons que nous ne nous adressons pas à ces hommes.

Par la raison bien simple que ce n'est pas de ces hommes directement et activement qu'on doit attendre la régénération de l'agriculture; qu'il serait aussi déraisonnable, aussi injuste, de l'exiger d'eux, que de demander au simple maçon, au simple tailleur de pierres, la régénération de l'architecture.

Ecoutez-les du reste eux-mêmes et, dans leur langage naïf et pittoresque, ils vous feront comprendre combien est vraie cette proposition, combien elle est fondée sur l'observation de la nature. Si vous leur dites : Pourquoi ne réfléchissez-vous pas à ce que vous faites; pourquoi vous contentez-vous de répéter ce que vous avez vu faire, sans chercher s'il ne serait pas plus avantageux de le modifier, de le changer? Ils vous répondront, ainsi qu'ils nous ont répondu à nous-même : *Si, aux pénibles efforts du corps, nous étions obligés de joindre ceux de l'esprit, nous n'y tiendrions pas!*

Evidemment, ils ont raison. Dans toute application d'art ou de science, il faut deux concours essentiels et bien distincts : l'un qui réfléchit, qui raisonne, qui conçoit, qui dirige; l'autre qui reçoit les ordres, qui les étudie, qui les exécute.

C'est pour avoir méconnu en agriculture cette hiérarchie des deux genres de concours qu'elle réclame, elle aussi; c'est pour avoir voulu, contrairement à ce qui a lieu partout ailleurs, à ce

les perfectionnements de la civilisation, nous ne verrions pas pourquoi, plus que tous ceux qui l'ont précédé, le moment actuel se trouverait placé sous l'influence dont il

---

que la nature nous montre dans l'action bienfaisante du soleil, qu'en cette spécialité la lumière partit d'en bas, que l'on s'est trompé si souvent sur les moyens propres à propager cette lumière.

Sans doute, il faut au travailleur agricole proprement dit de l'instruction; mais cette instruction elle doit être proportionnée à l'usage qu'il est appelé à en faire. Or, si l'on veut conserver, en cette partie, l'ordre qui assure le progrès, qui le rend possible, cet usage devra se borner à l'intelligence de la tâche à remplir, à l'accomplissement le plus convenable de cette tâche, surtout à l'absence de ces défiances, de ces répugnances, de ce mauvais vouloir que manifestent trop souvent ces hommes.

De telles connaissances sont du ressort : d'abord des écoles primaires, où les démonstrations des éléments de l'art agricole pourraient si facilement et si heureusement se faire : puis, des chefs d'exploitations sous lesquels ces mêmes hommes viendront travailler.

Napoléon faisait de bonnes armées avec de bons officiers. On fera de bons agriculteurs avec des hommes qui auront eu le loisir et les moyens de s'instruire dans toutes les parties de cet art et qui, comprenant l'influence qu'ils peuvent exercer et ayant la résolution d'user de ce moyen pour travailler à leurs intérêts pour mériter du pays, se mettront résolument à l'œuvre.

Nous sommes aussi dans cette conviction profonde que, pour que l'agriculture fasse en France des progrès réels, il faut que les hommes qui doivent favoriser ces progrès et ceux qui doivent les réaliser comprennent : les premiers, qu'ainsi ils assureront à l'état une puissante garantie morale de durée et de bonheur : les seconds, qu'ainsi ils acquerront les droits les plus légitimes à l'estime de leurs concitoyens

s'agit. Pourquoi la science, le pouvoir, l'opinion publique, la mode même se montreraient de nos jours également favorables à l'agriculture.

Sans doute la considération que nous venons de signaler entre pour beaucoup dans cet état des esprits et des idées; sans doute l'augmentation des populations, l'augmentation plus sensible encore des besoins que leur imposent les perfectionnements de la vie sociale, sont autant de motifs puissants qui font vivement sentir la nécessité, de la part de la terre, d'une production abondante et régulière, et qui doivent nécessairement porter les hommes à se préoccuper des moyens à prendre pour assurer cette abondance et cette régularité.

Cependant, qu'on ne s'y méprenne pas, il y a en cela une autre cause encore : une de ces causes puissantes, générales, que l'on voit de temps en temps agiter les peuples, les dominer, leur imposer une direction particulière, en un mot, donner à leur manière de voir et de penser, cet ensemble, cette unanimité, qui font que l'on a toujours regardé ces sortes de manifestations comme l'expression d'un besoin vrai et profondément senti; comme l'expression de la volonté de Dieu lui-même : considéré comme veillant à la conservation des Sociétés, comme faisant pressentir en quelque sorte les moyens à employer pour garantir cette conservation : *Vox populi, vox Dei !*

Oui, on sent, et c'est là principalement la cause de ces nombreuses manifestations en faveur de l'agriculture, on sent, on comprend, que l'occupation qui garantit aux nations anciennes l'exercice heureux et paisible d'institutions fondées sur la liberté et l'égalité, est encore celle à qui nous devons demander un semblable concours : alors que l'expérience de la vie sociale, les progrès des lumières, nous ont conduits de nouveau à asseoir sur ces deux grands principes notre droit politique.

On reconnaît, et nous regrettons de ne pouvoir ici exprimer ses idées qu'en passant, on reconnaît avec le plus ancien des auteurs latins qui aient écrit sur l'agriculture, avec Caton, *que le gain que font les cultivateurs est le plus honnête, le plus solide, et le moins sujet à exciter l'envie; et que ceux qui s'adonnent à cette profession, sont toujours éloignés de concevoir de mauvais projets.*

On reconnaît, ainsi que l'exprimait si harmonieusement M. de Lamartine devant la Société académique de Mâcon, que l'agriculture fait la fixité et la moralité des populations qui s'y livrent, et qu'il n'y a pas de code de législation et de morale, excepté la Religion, qui contienne autant de moralisation qu'un champ qu'on possède et qu'on cultive.

Voilà avant tout les vrais, les puissants motifs des tendances agricoles de notre époque.

La Société française pour exister, pour être paisible et heureuse, n'a pas besoin de pain seulement. Il faut encore que les institutions qu'elle s'est données et qu'elle a basées sur la liberté et l'égalité, rencontrent dans les masses le dévouement sincère, le désintéressement vrai, en un mot, les vertus qu'elles y supposent et sans lesquelles elles n'offriraient que des dangers. Eh bien, l'agriculture qui moralise, l'agriculture qui réclame encore des capacités, des bras, des capitaux, quand partout ailleurs ces moyens d'action sont surabondants; l'agriculture peut assurer au pays, et le pain indispensable à ses nombreux habitants, et les garanties morales non moins impérieusement réclamées par l'exercice régulier et profitable des droits et des obligations découlant du nouveau régime sous lequel il se trouve placé.

Ces faits, nous le répétons, bien qu'il ne nous soit possible ici que de les indiquer sommairement, nous révèlent toute l'importance de l'agriculture aujourd'hui. Ils nous font comprendre combien nous avons intérêt, non seulement à la doter des perfectionnements qu'elle peut réclamer, mais encore à la recommander de plus en plus tant aux yeux de ceux qui s'en occupent déjà et que de vains préjugés, de funestes ambitions, pourraient en éloigner ; qu'aux yeux de ceux qui y sont étrangers et qui pourraient cependant reporter sur elle des connaissances, des capitaux, qu'ils cherchent en vain à utiliser ailleurs.

L'homme, qui fait des travaux de l'agriculture l'objet de ses occupations journalières, quel que soit d'ailleurs son rang dans la hiérarchie de ces travaux, peut donc se rendre ce témoignage, bien digne de satisfaire son amour propre et d'exciter son zèle, que le résultat qu'il a en vue, que le succès qu'il ambitionne, sont des circonstances sur lesquelles la Société fixe également toute son attention, et à la réalisation desquelles elle a l'intérêt le plus réel et le plus direct.

Ainsi considérée, la position des propriétaires de terres en culture acquiert tout-à-coup une importance qu'un trop grand nombre d'entre eux, malheureusement, ne paraît pas avoir suffisamment comprise.

Mais aussi, et par la même raison, elle leur impose des obligations auxquelles également il est trop général de les voir se soustraire : soit par suite d'une volonté positive et arrêtée : soit, beaucoup plus ordinairement, par suite d'une insouciance, d'une apathie que rien ne saurait ni expliquer ni excuser.

Parmi nous, le mode le plus commun d'exploitation : c'est le métayage.

Or, ce mode, sur le mérite duquel nous n'avons pas à nous expliquer en ce moment, comment est-il accepté par la plupart des propriétaires ? Si non comme un moyen de s'assurer un revenu quelconque, sans s'assujettir le moins du monde à aucune des obligations qu'entraîne la direction d'une exploitation rurale ; sans chercher à se rendre compte des détails de cette exploitation, des moyens de l'améliorer ;

en un mot, comme un moyen qui les dégage de tout assujettissement, de toute surveillance, qui les rend complètement étrangers aux applications de l'art dont ils aiment cependant à être considérés comme les représentants.

De très-fâcheuses conséquences ne peuvent manquer d'être le résultat de cet état des choses. Permettez-nous, Messieurs, de vous les signaler.

D'abord, quiconque agit de la sorte, alors que rien dans sa position ne le sollicite à le faire. Quiconque préfère une oisiveté, souvent bien lourde à supporter et toujours inutile, à la vie honorable et laborieuse des champs, abdique évidemment tous droits à se dire agriculteur, tous droits à l'estime qui tend à environner de plus en plus cette noble profession. Loin de le considérer avec intérêt, la Société pourrait au contraire le regarder comme une charge et lui adresser des reproches ; elle pourrait lui dire : « Vous » possédez une portion de cette terre d'où peut sortir pour » moi, non-seulement tout ce que réclame mon existence » physique; mais encore tout ce qui peut, moralement, » assurer et garantir cette existence. J'ai institué des lois » pour qu'on respectât en vos mains cette partie de la » fortune que se partagent tous mes enfants, selon des » proportions si variables. J'ai pourvu libéralement à des » établissements dans lesquels vous avez pu aller puiser, » d'abord cette instruction générale que réclame chaque » classe de citoyens, puis même cette instruction spéciale » que rendait nécessaire votre position particulière, votre » qualité de détenteur du sol arable, de propriétaire rural. » Tous ces moyens, toutes ces sollicitudes de ma part, sont » demeurés sans résultats utiles, aussi bien pour vous que » pour moi. Votre terre : vous ne vous en occupez pas. » Vos connaissances acquises : vous n'en faites nul usage. » Il est vrai que cette terre, vous l'avez confiée à des » hommes à qui la fortune avait refusé ce moyen de tra-

» vail, et, par une convention que la loi, l'humanité, la » religion avouent également, vous les avez associés au » revenu qu'elle peut donner. Mais, prenez-y garde, ces » hommes, à cause des exigences de leur position, n'ont » pu accorder à votre terre qu'un seul des deux genres de » concours qu'elle réclame pour devenir féconde. Ils n'ont » pu lui accorder que la force physique : ils n'ont pu que » l'*arroser de leurs sueurs*. C'est de vous, de vous seul, » qu'elle attendait le second concours ; c'est à vous qu'était » imposée l'obligation de la *féconder de votre intelligence,* » et vous ne l'avez pas fait. Et vous avez abandonné à » eux-mêmes et laissé s'épuiser en vains efforts ces mal- » heureux dont il vous eût été si facile de relever le cou- » rage, de soutenir, d'éclairer, de rendre efficace la bonne » volonté. Ainsi, la pratique suivie sur votre terre n'a plus » eu aucun rapport avec les sources d'où pouvait venir » pour elle les perfectionnements que le temps, les progrès » des lumières, les recherches des agronomes français et » étrangers étaient capables de lui assurer. Ainsi elle est » demeurée au-dessous de ce que j'étais en droit d'exiger » d'elle, par rapport à ses résultats, à une époque où mes » besoins grandissent, non-seulement en raison du nombre » de mes enfants, mais encore en raison de la plus grande » masse de bien-être qui peut revenir à chacun d'eux. » Ainsi, vous-même, frappé de ce défaut, vous n'avez » pas craint trop souvent de mettre le sceau à cette con- » duite blâmable, en y ajoutant l'injustice la plus mani- » feste ; en vous faisant le premier accusateur de ces hom- » mes qui ne restent au-dessous de leur tâche que parce » que vous ne les aidez pas; que parce que, contrairement » aux conventions faites avec eux, vous n'avez point ap- » porté dans l'association l'élément moral qui ne pouvait » venir que de vous : l'intelligence, le savoir, la direction ; » toutes circonstances qui constituent réellement le travail

» de l'homme et lui assurent une incontestable supériorité » sur celui des animaux les plus forts, des machines les » plus puissantes » (1).

Certes ce langage serait sévère, mais convenez-en, il serait juste.

Il semble effectivement à une infinité de propriétaires que nulle obligation ne découle de leur position et qu'ils

---

(1) Il ne serait peut-être pas déraisonnable non plus de voir, dans cette manière d'agir des détenteurs du sol, un des nombreux motifs qui entretiennent dans nos campagnes, d'une manière transitoire nous devons l'espérer, la tendance bien marquée qu'ont leurs populations à s'en éloigner, à leur préférer le séjour et les professions des villes.

Evidemment, la désertion de la campagne par la classe aisée; la préférence marquée de cette classe pour des professions, des emplois, tout-à-fait différents de ce que semblait lui prescrire sa qualité de détenteur de l'instrument du travail le plus sûr, le plus fécond et le plus honorable; évidemment, cette conduite a dû influer sur les agriculteurs proprement dits. Ils ont pensé, eux aussi, qu'il y avait mieux à faire ailleurs, et on les a vus, comme autrefois les colons qui peuplèrent l'Amérique, se presser sur les pas des premiers émigrants, quitter le pays natal, se mettre à la recherche d'une nouvelle toison d'or. « Il est né, » dit Mathieu de Dombasle, de cette désertion de la terre par » les hommes qui la possédaient, des combinaisons nouvelles » qui ont exercé une influence bien puissante sur la position » sociale de la classe d'hommes qui se déshéritait elle-même de » ce qui constituait sa véritable puissance dans l'état; mais il est » résulté aussi des mœurs nouvelles qui forment encore aujour- » d'hui le principal obstacle au retour des propriétaires qui ont » conservé une portion du sol, vers cette terre où ils pourraient » trouver aisance, indépendance et bonheur, etc... ».

(*Annales de Roville*, Tom. 8, pag. 108).

ont répondu à toutes les objections qui pourraient leur être faites, lorsqu'ils ont rejeté, tant sur l'ignorance et le défaut de zèle de leurs subordonnés, que sur le mode d'exploitation particulier à nos contrées, le peu d'avantages qu'ils retirent de leurs terres.

Mais ont-ils fait de leur côté tout ce qu'ils devaient faire? Examinons :

Voici encore, d'après Caton, quelle doit être la conduite du père de famille à l'égard de son métayer : « Sitôt qu'il est » arrivé à sa métairie, et qu'il a rendu ses devoirs au dieu » Lare, il doit faire le tour de sa terre dès le jour même, » s'il est possible, si non dès le lendemain. Quand il aura » pris connaissance de l'état de la culture, et des travaux » qui sont faits ainsi que de ceux qui sont à faire, il fera » venir le jour suivant son métayer, et l'interrogera tant » sur les travaux qui sont faits, que sur ceux qui restent » à faire, en s'informant si les premiers ont été faits à » propos, et s'il reste assez de temps pour achever les » autres ; il se fera rendre compte de ce qui aura été » récolté en vin, en blé, et en tout autre genre de pro- » ductions. Quand il sera bien au fait de tous ces objets, » s'il ne trouve pas que les travaux soient aussi avancés » qu'ils devraient l'être, il faut qu'il se fasse rendre compte » par détail du nombre d'ouvriers qui auront été employés » et de celui des journées. Le métayer ne manquera pas » de lui dire qu'il n'y a pas de sa faute, et que la mauvaise » santé des esclaves, les temps fâcheux, les fêtes, ou la » nécessité de travailler à quelqu'ouvrage public, les a for- » cément retardés. Mais quand il aura allégué ces raisons » ou d'autres semblables, il calculera de nouveau avec lui » le nombre de journées employées, en les comparant avec » la quantité d'ouvrage qui se trouvera faite, etc... (1) ».

(1) Chapitre II

Columelle n'est pas moins explicite, écoutons-le un moment : « Rien ne peut être bien enseigné, dit-il, ni bien » appris, si le maître n'en donne point l'exemple et que le » disciple ne le reçoive point de lui, et qu'il est plus » avantageux à un métayer d'être le maître de ses ouvriers « que d'en être le disciple, puisque Caton, que l'on peut » regarder comme un modèle, si l'on se réfère aux anciens » usages, a dit, en parlant du chef de famille lui-même, » que les affaires d'un propriétaire vont mal, lorsque son » métayer lui montre ce qu'il y a à faire. Aussi, poursuit-il, » lit-on dans l'*Economique de Xénophon*, traduit en latin » par Cicéron, que Socrate ayant demandé à Ischomachus » l'Athénien, si, dans le cas où ses affaires domestiques le » forçaient à prendre un métayer, il était dans l'usage de » l'acheter comme un artisan ou s'il le formait lui-même, cet » homme admirable lui répondit : Loin de l'acheter, je le » forme moi-même, parce qu'un homme qui est fait pour » me remplacer en mon absence et pour seconder ma vigi- » lance, doit en savoir autant que moi (1) ».

De bonne foi, sont-ils nombreux parmi nous, les propriétaires, les pères de famille qui s'acquittent ainsi de la tâche que leur impose cette double qualité?

Reconnaissons-le, Messieurs, c'est ce défaut d'une surveillance active et soutenue; c'est l'abandon d'une direction qui doit dès-lors revenir à celui que son défaut de connaissances, sa position sociale, le genre de travaux qu'il doit accomplir, rendent peu propre à s'en charger, qui font que notre agriculture se montre encore tant éloignée de l'état qui devrait être son partage, qu'elle a tant de peine à s'avancer dans la voie du progrès.

Vous avez été frappés souvent des beaux résultats obtenus par le petit tenancier. Ne vous y trompez pas, la cause la

---

(1) Tom. II, ch. 1.

plus décisive, la plus capitale de ses succès, c'est son intervention directe dans les travaux de sa terre. Ce qui féconde son champ, ce qui le met continuellement en état de production, c'est l'*œil du maître.* Croyez-en le bon Olivier de Serres (1) :

Le maître, dès son réveil,
Au ménage est un soleil.

Un membre très-distingué de la Société d'Agriculture d'Agen, passant en revue l'état de l'agriculture dans le Lot-et-Garonne, M. Lafon du Cujulat, disait à ses collègues : « On doit admettre, selon moi, en première ligne, » comme cause de l'amélioration de l'agriculture, l'exemple » donné par quelques grands propriétaires qui habitant » constamment sur leurs terres, en ont pris la direction, » et, par leurs travaux, donnent à leurs voisins la leçon » du précepte à côté de celle de l'exemple ».

L'intérêt de la Société, le vôtre propre, tels sont, Messieurs, autant de motifs puissants qui doivent vous engager à l'amélioration de votre agriculture.

---

(1) Pour comprendre toute l'importance de l'intervention directe du propriétaire dans l'exploitation du domaine; pour bien connaître, et les nécessités qui l'y obligent, et les moyens qu'il doit employer pour y satisfaire, il faut lire surtout, dans l'ouvrage du patriarche de l'Agriculture française, le chapitre intitulé : *De l'office du Père de famille envers ses domestiques et ses voisins.*

On sait du reste le cas que faisait de cet ouvrage, où le savoir et la conscience de l'auteur brillent également, le roi Henri IV : « Trois ou quatre mois durant, après qu'on le lui eut présenté, dit Scaliger, il se le faisait apporter et lire pendant une demi-heure aprés son dîner ». C'est ainsi qu'avait agi Auguste à l'égard des Géorgiques de Virgile.

Mais cette amélioration, nous savons très-bien qu'indépendamment des difficultés nombreuses qu'elle offre par elle-même, il est une considération qui vous en a longtemps éloignés, et nous ne nous dissimulons pas que cette considération ne vous porte même encore à accueillir avec défiance les conseils d'amélioration qui peuvent vous être donnés.

Il y a bien longtemps, Messieurs, qu'on vous tient le langage que nous vous adressons aujourd'hui ; il y a bien longtemps qu'on vous donne le sage conseil d'améliorer votre agriculture, et, devons-nous le dire aussi, il y a bien longtemps que vous-même avez senti cette nécessité, que vous-même avez fait des efforts pour y satisfaire.

Quelles sont donc les causes assez puissantes pour avoir pu jusqu'ici rendre inutiles, et ces avis et ces efforts? pour avoir pu s'opposer à des changements aussi avantageux pour vous-même que pour la Société, si intéressée, nous le répétons, au progrès de l'agriculture?

Ces causes sont nombreuses, et sans doute, nous ne pourrions nous proposer ici de les exposer toutes et dans toute leur étendue.

Cependant, il en est deux que vous nous permettrez de rappeler à votre souvenir : ce sont d'ailleurs les plus importantes et les plus générales.

La première, c'est qu'on vous a trop souvent proposé, comme moyen d'améliorer votre agriculture, de purs systèmes.

La seconde, c'est qu'on n'a pas suffisamment tenu compte des circonstances naturelles et autres particulières à nos contrées : climat, terre, ressources, besoins spéciaux, dispositions morales, etc., etc...

S'il nous était permis ici de présenter avec détails les merveilleux systèmes de culture qui ont été, depuis le milieu du dernier siècle, proposés comme moyens infaillibles de régénérer l'agriculture, on serait effrayé du nombre de fois qu'il eût fallu que cette agriculture sortit complètement de ses méthodes, de ses traditions, pour recueillir les avantages incommensurables qu'on lui promettait.

D'abord, pour ne mentionner que les principaux, ce fut l'anglais Jéthro Tull (1733), qui, proclamant comme cause capitale de la production des champs, l'action atmosphérique, fit connaître un système d'après lequel on assurait suffisamment ce concours :

Aux plantes, en les semant en lignes ;

Aux terres, en les labourant fréquemment.

« Au moyen de cette répétition de labours, sur les racines du froment, disait cet auteur, indépendamment de » ceux qui ont été faits avant de semer, la terre se ressent » encore bien mieux des influences de l'air, du soleil, des » pluies, acquiert une si grande quantité de sels et de sucs » nourriciers que, devenant même *inépuisable*, il n'est » question que de mettre les racines à même d'en profiter » pour se procurer (sans engrais, sans jachère), les plus » riches produits ».

Après Jéthro Tull (1753), vint le célèbre Duhamel. Le système de ce dernier n'est en quelque sorte qu'une modification de celui de Jéthro Tull, avec cette différence cependant, qu'ici les engrais ne sont pas complètement négligés. Il repose sur ces quatre propositions :

1.° Choix d'instruments de labour ;

2.° Fréquence des labours et manières diverses de les exécuter ;

3.° Epargne de la semence ;

4.° Façons données aux plantes pendant leur végétation.

« Il est bien plus avantageux, disait à son tour Duhamel, » d'augmenter la fertilité des terres par les labours, que » par les fumiers, puisque la récolte de 20 arpents suffit à

» peine pour en fumer un ; au lieu qu'on peut diviser et » subdiviser les molécules de terre presque à l'infini. Les » secours qu'on tirera des fumiers sont donc limités ; au » lieu qu'on n'aperçoit point les bornes de ceux que les » labours nous produiront ».

Ce sont ces deux systèmes qu'avait en vue l'auteur du poëme de l'*Agriculture* lorsqu'il disait :

« L'industrie a tenté d'obtenir tous les ans
» Par des essais nouveaux des fruits plus abondants;
» La terre par le soc en planches séparée,
» L'une s'enrichira de la moisson dorée,
» Dans ses rangs le semoir que guide votre main,
» Jette en le parcourant, place et couvre le grain;
» L'autre nue, ameublie, en poussière réduite,
» Ne sera point en proie à l'herbe parasite.
» Le blé voisin y court, s'étend plus librement,
» Cherche et saisit au loin un facile aliment.
» De vos greniers étroits que les murs s'élargissent;
» *Enfants du même grain, deux mille grains mûrissent.*
» Quel mortel eût osé se flatter d'un espoir
» Que l'humaine nature a peine à concevoir (1) ! »

Patullo(1758)et l'auteur d'un ouvrage qui fit beaucoup de bruit sous le titre de : *Le Gentilhomme cultivateur,* vinrent, après Duhamel, ajouter à son système quelques variantes ;

---

(1) Duhamel assurait même que le produit pouvait être de 2,500 pour 1 !

Des expériences faites dans nos contrées, notamment à Bassens, à Quinsac, par M. de Gourgues, président au parlement de Bordeaux, par M. de Navarre, conseiller à la Cour des Aides, etc..., etc..., avaient, disait-on, prouvé qu'on pouvait ainsi obtenir aisément 300 pour 1.

Qu'on nous permettre ici un mot sur le poëme de l'*Agriculture,* par Rosset. Sans vouloir juger le mérite littéraire de cette œuvre, nous dirons qu'elle a le grand avantage d'offrir le résumé

mais en accordant toujours aux labours et à l'action atmosphérique leur influence capitale sur la terre et sur les plantes. L'amendement des terres, les prairies artificielles et l'élève des bestiaux fixaient aussi l'attention de ces deux auteurs.

Vint Fabroni, qui changea toutes ces idées, en proclamant à son tour que : « La vigne, le mûrier, tous les arbres » fruitiers, et même les légumes, doivent partager avec les » céréales, le droit de végéter sur nos terrains. Et que » c'est alors seulement qu'il nous sera inutile de rechercher » s'il y a une juste proportion entre les prés, les champs » et les vignes : nos terres devant être à la fois vignes, » champs et prés ».

Fabroni condamnait les labours : c'était, selon lui, le moyen de changer en déserts les campagnes les plus fertiles. Il ne faisait non plus que très peu de cas des engrais.

Enfin parut Arthur Young(1790).« Son voyage en France, » dit M. de Gasparin, nous dépeint vivement sa situation » agricole avant la révolution; on s'étonne de la vérité de » telles descriptions recueillies sans s'arrêter, en traver- » sant le pays sur une jument aveugle... ».

Mais a dit un autre auteur non moins digne de toute notre confiance, « Arthur Young, tomba évidemment dans » une grande faute en mettant en parallèle le mauvais côté » de l'Agriculture française avec ce qu'il y avait de plus » perfectionné en Angleterre, et qui ne s'y rencontrait que » dans quelques provinces. Les Français furent assez bons

---

des connaissances agricoles au XVIII.e siècle, comme celle de Virgile, offre le résumé de ces mêmes connaissances au temps d'Auguste.

A cet égard, ce poëme mérite, sans nul doute, plus d'attention qu'on ne lui en a accordé, en supposant même, ce que nous serions tenté de croire, que bon nombre d'écrivains agronomiques n'ait pas complètement ignoré son existence.

» pour ne point repousser cette injustice, parce qu'alors » ils n'attachaient encore aucun point d'honneur à leur » agriculture (1) ».

Quoi qu'il en soit, c'est principalement sous l'influence des écrits d'Arthur Young que se répandit en France la véritable forme à donner au progrès agricole au XIX.e siècle : celle que résume l'importante et féconde théorie des assolements.

Malheureusement et par des causes qui tiennent autant à l'imperfection de la nature de l'homme qu'à l'état des choses et des esprits à cette époque, cette forme de progrès fut présentée d'abord d'une manière tellement absolue ; les obstacles qui semblaient s'y opposer furent condamnés avec tant d'énergie, qu'il dût en résulter, de la part des cultivateurs, d'abord une juste défiance, plus tard même une opposition réelle.

« J'ai vu un temps, nous dit le nestor de l'agriculture » méridionale, où un bon assolement était toute l'agricul- » ture. Alors le célèbre Arthur Young menaçait de la corde » les agronomes qui auraient fait entrer dans leurs cultu- » res deux blés consécutifs. Chaque propriétaire, croyant » enrichir le pays d'une découverte précieuse, proposait » son assolement, et le défendait avec cette chaleur de » discussion que les amateurs de musique avaient montré » du temps de Gluck et de Piccini : alors tout se passait » en paroles, quelques fois en injures. Il n'en fut pas de » même quand ces discussions firent place aux *droits de » l'homme* et à ses terribles conséquences (2) ».

Ce n'était pas la jachère seulement dont on prescrivait, sous l'influence de ces doctrines absolues, la suppression générale et immédiate ; mais encore les prairies naturelles

(1) Schwerz : *Instruction pour les agriculteurs commençants.*

(2) M. le comte Louis de Villeneuve : *Manuel d'Agriculture.*

qu'il fallait aussi, partout et sans délai, remplacer par les prairies artificielles. Même dans les contrées où une longue tradition avait démontré l'influence heureuse, sur le système de culture possible, de ces *pièces glorieuses du domaine*, ainsi que les nomme Olivier de Serres.

Enfin c'était le système tout entier que l'on présentait comme radicalement mauvais, comme souverainement absurde ; tandis qu'en réalité, son seul défaut était d'avoir vieilli, de ne plus se trouver en harmonie avec les besoins de l'époque ; de ne pouvoir résister à un examen fait sous l'influence et au milieu de circonstances toutes différentes de celles qui en avaient motivé et maintenu l'établissement. « De toutes les institutions de l'homme, dit Mathieu de » Dombasle, il n'en est presque aucune qu'on puisse ap- » peler bonne ou mauvaise en elle-même et d'une manière » absolue : elles ne puisent ces caractères que dans leurs » rapports avec les circonstances des temps et des lieux. » Il faut donc que chacune d'elle cède sa place à d'autres, » lorsqu'il arrive que les circonstances qui lui ont donné » naissance ont cessé d'exister, et sont elles-mêmes rem- » placées par de nouvelles combinaisons qui peuvent don- » ner à une disposition excellente, pour un temps et un » pays donnés, tous les caractères de l'institution la plus » funeste, dans d'autres temps et d'autres circonstances ».

Ainsi l'état des choses était tel, que ceux qui attaquaient avaient tort, en condamnant le système comme foncièrement mauvais, mais raison, en le présentant comme ne répondant plus aux circonstances du moment ; et que ceux qui résistaient, avaient également raison en défendant la valeur du système en lui-même, mais tort en se refusant à reconnaître que le temps était venu de lui en substituer un autre.

Un autre motif capital de cette lutte devait être attribué au sens agricole que les réformateurs accordaient à la suppression de la jachère. Évidemment, les discussions auxquelles ils s'étaient livrés, avaient conduit grand nombre d'entre eux à considérer cette suppression comme étant elle-même la manifestation, la cause du progrès qu'ils avaient en vue, tandis qu'en réalité, elle ne pouvait en être que le signe, que la conséquence.

Effectivement, dans le système biennal, le but de la jachère, c'était principalement de suppléer à l'insuffisance d'engrais ; or, les assolements devaient permettre de satisfaire à cette exigence capitale de la culture sans recourir au repos de la terre. D'où il suit que le véritable état de la question était celui-ci : perfectionner le système de culture pour arriver à la suppression de la jachère et non pas, ce qui est bien différent, supprimer la jachère pour arriver au perfectionnement du système de culture.

Cette équivoque est absolument la même que celle à laquelle donne lieu trop souvent l'importante question de l'amélioration des races d'animaux domestiques, principalement sous les rapports du plus grand développement des individus.

Il est des hommes en effet, et ces hommes, quelles que soient leurs prétentions, nous ne les nommerons pas des agriculteurs, qui se figurent qu'il suffit d'acheter à grand frais des types étrangers, de les accoupler avec les races du pays, pour avoir satisfait à toutes les obligations imposées par l'amélioration des races locales.

Indépendamment de toutes les autres considérations de détail que soulèverait cette manière de procéder, il est évident qu'ici encore il y a une erreur manifeste et que l'on confond la cause avec l'effet. Ce n'est pas effectivement en recourant d'abord à des importations d'animaux étrangers que l'on arrivera à l'amélioration de nos races ; mais bien en perfectionnant le système agricole, à tel point qu'on sentira la nécessité de cette importation pour avoir des animaux plus propres à utiliser des ressources d'alimentation au-dessus des besoins des races locales. Comme le dit d'ailleurs l'un des savants professeurs de Grignon, M. Bella fils : « C'est par la bouche qu'on fait le bétail ; l'abondance » d'aliments substantiels est une des causes qui modifient » le plus rapidement, le plus profondément les organes » des animaux ».

Nous pourrions encore citer ici les landes, comme donnant lieu à une erreur du même genre. Combien de personnes en effet qui se figurent que la seule chose à faire pour les utiliser, c'est de les défricher, de les mettre en culture : sans s'inquiéter de l'engrais que ce défrichement et cette mise en culture nécessiteraient.

Sous ce rapport, les Anglais ont un principe qui ne saurait être trop recommandé et qui prouve très-certainement beaucoup plus en faveur de leur sens agricole que tant d'autres faits que l'on prône beaucoup et que l'on voudrait nous faire adopter, sans égard pour les différences de position et de climat.

En fait de défrichements de terres incultes, disent-ils, c'est uniquement la surabondance de l'engrais fourni par les terres déjà mises en état de rapport régulier qui doit en déterminer l'importance.

Toutes fois, Messieurs, que ces exagérations que l'on était en droit de reprocher aux réformateurs du dernier siècle, toute funestes qu'elles ont pu être à l'agriculture, et particulièrement à l'agricnlture méridionale, ne nous rendent pas injustes à l'égard des hommes, éminemment estimables, qui travaillèrent les premiers à propager en France la méthode des assolements. Ils se sont trompés sans doute dans la forme : à force de généraliser, comme le dit fort bien Labruyère, ils sont tombés dans l'erreur. Mais que de générosité, que de dévouement, dans leurs vues : on en jugera par ces paroles de l'un d'entre eux, du vénérable abbé Rozier ; paroles si dignes d'un homme de bien, d'un ministre de la religion d'amour et de charité ; paroles que nous n'avons jamais pu répéter sans en être touché jusqu'aux larmes : « *Je mourrai content lorsque » l'art d'alterner les récoltes sera général en France et » porté à son dernier degré de perfection !* »

Joignons à tous ces systèmes, joignons à toutes ces exagérations, d'abord une tendance que l'on qualifia dans le temps d'*anglomanie*, comme on aurait pu l'appeler avec autant de raison, parmi nous surtout, *hollandomanie, belgomanie*, etc... Puis aussi, ce désavantage que nous avons eu de tout temps, nous, gens du Midi, nous dont les traditions agricoles remontent aux Romains, aux Grecs, nos premiers maîtres dans cet art, d'être jugés par le Nord ; de recevoir du Nord les formules à appliquer : comme si notre climat essentiellement différent de celui de cette belle portion de la France, essentiellement variable, pouvait avouer cette manière de procéder (1).

Comme s'il existait un type unique d'agriculture ; comme si ces paroles de l'illustre Mathieu de Dombasle avaient exprimé un sens jusque-là inaperçu : « On se formerait » une bien fausse idée de l'art agricole, si l'on considérait

---

(1) C'est pour nous particulièrement, habitants dn Midi, que sont vraies ces paroles de l'abbé Rozier : « Il est aisé de voir » que de la réunion des préceptes qui forment le système de » culture des anciens, on ferait la base d'une excellente doc- » trine agricole, savoir : Labours et tous moyens de diviser, » d'ameublir la terre ; engrais animaux, engrais végétaux, en- » fouissement des légumineuses ; incinération des chaumes et » de la terre même ; enfin amendement : il ne manquait que » le précepte alterner les cultures, et c'était une doctrine » complète ».

» la bonne agriculture comme une combinaison précise, » invariable, et que l'on puisse appliquer à toutes les loca- » lités. Le nombre des combinaisons y est au contraire » immense, et le succès dépend presque toujours du dis- » cernement avec lequel on en fait l'application ».

Ah ! sans doute, Messieurs, vous avez eu raison de résister à toutes ces séductions, de laisser passer toutes ces exagérations ; de supporter avec patience ces reproches qu'on ne vous a pas épargnés : d'hommes de la routine, d'hommes à préjugés, d'ignorants, voire même d'ennemis du bien-être, de la prospérité publique.

Ah ! grand Dieu, où en serions-nous, où en seraient la France et sa nombreuse population, si vous vous étiez montrés tels que l'eussent désiré les hommes, pleins de bonnes intentions nous le répétons, qui sont venus tour-à-tour réclamer votre confiance.

Cette résistance dont vous avez fait preuve, et qui vous a valu tant de reproches, disons-le même tant d'injures, car bien souvent les choses ont été jusque-là, c'est la providence, c'est le génie de la France qui vous l'a inspirée ! ou si vous voulez encore, l'intérêt privé toujours si bien d'accord quoiqu'on en dise avec l'intérêt général. C'est là ce qui a permis à ce beau pays, malgré des accidents passagers, de voir croître sa prospérité et augmenter sa population, de telle sorte que cette dernière a presque doublé depuis 1700, époque où son chiffre accusait 19,669,320, jusqu'à nos jours, où ce même chiffre est de 35,400,486. (Recensement de 1846).

Cette résistance, est-il possible encore, en principe au moins, d'en méconnaître la justice, d'en nier les avantages, lorsqu'on la considère jusque dans les hommes de la pratique; dans ceux qui mettent la main à l'œuvre, dans ceux enfin chez qui vous-mêmes, Messieurs, vous êtes laissé aller bien souvent sans doute à la condamner ?

« Le reproche, dit Chaptal, qu'on fait chaque jour à » l'homme des champs de son indifférence à adopter de » nouvelles méthodes, ne me paraît pas fondé ; il veut » d'abord voir et comparer ; car il n'a ni les lumières ni les » moyens nécessaires pour apprécier d'avance par lui- » même les avantages qu'on lui propose ; il conserve donc » ses habitudes jusqu'à ce qu'un voisin plus riche et plus » éclairé lui présente, par une nouvelle culture, des résul- » tats plus avantageux que les siens ».

Toutefois, Messieurs, prenez-y bien garde, après avoir rendu à la vérité, à la légitimité de faits et de choses trop généralement méconnus, l'hommage qu'elle méritait, ne croyez pas que nous voulions ériger en système une opposition, une résistance qui finiraient par exercer sur l'agriculture l'action la plus funeste, en même temps qu'elles seraient aussi contraires à vos intérêts particuliers qu'aux intérêts généraux du pays.

En fait de perfectionnements, vous n'avez pas fait encore pour votre agriculture tout ce qu'elle réclame, tout ce que rend possible le concours si empressé que prêtent aujourd'hui à cette noble occupation les autres sciences physiques et naturelles ; tout ce que commandent vos intérêts bien entendus ; tout ce qu'est en droit d'attendre de vous la Société.

Et, prenez-y bien garde, vous seriez d'autant plus blâmables de persister dans votre conduite antérieure, qu'aujourd'hui ce ne sont plus des systèmes que l'on vous propose, des recettes que l'on vous recommande. Vous venez d'entendre la déclaration de Mathieu de Dombasle, elle doit complètement vous rassurer, elle prouve que l'on reconnaît maintenant toute l'influence que sont susceptibles d'exercer sur le système de culture les circonstances locales au milieu desquelles on se trouve placé. « Les circonstances, » dit encore le même agronome, font seules les bons sys-

» tèmes de culture; et vouloir réduire la bonne agriculture » à l'adoption de tel assolement, de tel genre de bétail, » ou de telle ou telle pratique, c'est ignorer complètement » la portée de l'art; et cette funeste erreur a enfanté une » incroyable multitude de mécomptes et de chutes ».

Le climat, dont on ne voulait pas reconnaître l'immense importance sous ce rapport, alors qu'on vous proposait, comme devant être répété par vous, sans modification aucune, ce qui se pratique en Angleterre ou en Hollande; ce que rendaient possible, favorable, dans ces contrées, des saisons régulières, des pluies uniformément réparties, des brouillards capables d'y suppléer, et, ce que ne pouvaient évidemment traiter de la même manière, des variations, des excès météorologiques en quelque sorte sans règles, quant à leur importance et à leur soudaineté; des pluies souvent diluviennes, et des sécheresses tout aussi fréquentes, tout aussi hostiles aux productions de la terre.

Le climat occupe aujourd'hui le premier rang, parmi les causes que l'on considère comme déterminantes du système de culture à suivre dans chaque localité déterminée.

On a fait plus encore, des hommes que l'agriculture française cite avec orgueil parmi ceux qui lui ont rendu les plus signalés services, et à leur tête M. le c.[te] de Gasparin, ont reconnu que « dans la région de transition que nous » habitons (la région des vignes), l'habileté du cultiva- » teur est très-nécessaire pour s'adapter aux exigences » d'un climat variable, et pour incliner, selon les années, » vers les procédés des pays plus méridionaux, ou vers » ceux des pays du Nord (1) ».

---

(1) *Cours d'Agriculture*, Tom. II.

Pour achever de prouver combien est comprise aujourd'hui l'influence capitale qu'est susceptible d'exercer sur l'agriculture la nature particulière du climat, qu'on nous permette encore

Enfin, il n'est pas jusqu'au mode d'exploitation, dont la tradition romaine parmi nous est tout aussi facile à démontrer que celle de nos autres pratiques agricoles. Il n'est pas jusqu'au métayage, objet de tant et de si amères critiques de la part des agronomes du dernier siècle, et dont on a, nous l'avons déjà dit, un peu abusé, qui n'ait été apprécié comme il devait l'être par ceux qui se sont donné la peine, avant de le juger, de l'étudier, et dans son principe, et dans ses résultats, et dans ses nécessités au moins transitoires.

Un homme qui nous honore de son estime et dont l'opinion fait aujourd'hui autorité en agriculture, M. Jules

---

de consigner ici la comparaison que fait le même auteur de l'agriculture du Nord avec celle du Midi, en se plaçant au point de vue où nous sommes nous-mêmes.

« Dans les régions que nous avons décrites jusqu'à présent, » dit-il (la région des oliviers et la région des vignes) l'irrégula- » rité des saisons exige de la part du cultivateur une intelligence » toujours éveillée pour réparer les dommages causés par les » intempéries ; là où il comptait semer des légumes, il sera obli- » gé de produire des fourrages, parce que la sécheresse a fait » disparaître les ressources sur lesquelles il comptait pour ali- » menter les bestiaux ; d'autres fois, la surabondance du foin » lui permettra d'augmenter le nombre de ceux-ci et d'autres » fois, il faudra qu'il se hâte de les vendre, parce que ses foins » auront manqué. Dans certaines années, il aura beaucoup d'en- » grais et il en manquera dans d'autres ; une autrefois, il devra » retarder la vente de son blé, parce qu'une récolte opulente » en aura avili le prix ; mais l'année suivante, la sécheresse du » printemps amènera la disette, et il devra défricher ses four- » rages pour pourvoir à la nourriture de sa famille ; *la règle* » *serait sa perte : C'est une irrégularité d'accord avec celle* » *de la nature qui le sauvera* ».

Rieffel, directeur de l'Institut agronomique de Grand-Jouan (Loire-Inférieure), s'exprimait ainsi, dans une de ses dernières productions, touchant ce mode d'exploitation : « La première raison d'être du métayage dans les contrées » où il persiste, c'est que c'est là le mode d'exploitation » qui satisfait le mieux aux circonstances locales, qui rap- » porte le plus au propriétaire, qui convient le mieux à » la population. Le jour où le métayage ne remplira plus » ces conditions, il cessera d'être, il aura vécu. Mais il » persistera nécessairement tant qu'il remplira ces condi- » tions. Pourquoi le Normand est-il herbager? pourquoi, » dans les environs des grandes villes, trouve-t-on des » maraîchers? pourquoi le Belge cultive-t-il tant de grai- » nes oléagineuses? Parce que, dans toutes ces positions, » la culture de chacun est en rapport avec le climat, le » sol, la population, l'industrie : le métayage n'est pas » autre chose. *C'est un système d'exploitation en rapport* » *avec les circonstances qui l'environnent.*

Ainsi, Messieurs, il est pour nos contrées méridionales aussi bien que pour le Nord de la France, un genre de perfectionnement réclamé par leur agriculture.

Ce genre de perfectionnement ne consiste plus, comme au temps où de semblables propositions éveillaient vos justes défiances, en systèmes plus ou moins ingénieux, en importations plus ou moins originales ; mais bien en modifications, en changements qu'avouent également, et les circonstances naturelles, et les circonstances morales au milieu desquelles vous vous trouvez placés et que vous ne pourriez perdre de vue, ainsi que tant d'exemples vous l'ont prouvé, sans vous exposer à des mécomptes, à des désastres, aussi dommageables pour vous, que regrettables pour la société toute entière, que préjudiciables pour la science agricole qui a tout à perdre, sous le rapport de son crédit, dans ces sortes d'occurrences.

Vos intérêts, Messieurs, ceux des populations qui vous environnent, vous font un devoir impérieux de prendre en sérieuse considération cette obligation que vous impose la qualité de propriétaires ruraux, de détenteurs du fonds d'où peuvent sortir, avec une égale abondance, et les denrées qui satisfont aux besoins matériels de la Socité, et les plus solides garanties de sa durée, de son repos, de son bonheur.

Les exigences de la patrie changent avec les temps. Naguère encore elle réclamait des bras pour la défendre, des subsides pour lui aider à supporter une lutte qui a mis le sceau à sa gloire militaire : vous n'avez pas perdu le souvenir du concours empressé que vous lui prêtâtes alors. Aujourd'hui que le nombre de ses enfants a beaucoup augmenté, elle a besoin de pain en plus grande abondance, surtout elle a besoin de moralisation : toutes choses qui peuvent venir de vous ; car, selon les belles expressions de M. de Lamartine, *ce n'est pas du pain seulement qui sort de la terre labourée, c'est une civilisation toute entière !*

Avril 1847.

---

*Nota.* — Dans notre prochaine lettre, nous chercherons à faire comprendre, d'une manière générale, quels sont les principaux désavantages du système de culture que nous suivons, tant en lui-même que dans ses résultats ; quels sont les obstacles qu'il offre aux améliorations désirées ; quelles seraient les conséquences probables de ces améliorations.

# PUBLICATIONS AGRICOLES.

L'AGRICULTURE, COMME SOURCE DE RICHESSE, COMME GARANTIE DU REPOS SOCIAL, est un recueil qui date de 1840, et qui compte, par conséquent, sept années d'existence.

Sous la direction spéciale du Professeur à la Chaire d'Agriculture de Bordeaux : M. AUG. PETIT-LAFITTE, ce Recueil, par le choix, l'importance, l'à-propos des matières qu'il publie, a mérité l'approbation qui l'a soutenu jusqu'ici.

L'épigraphe en fera connaître l'esprit :

« La culture des terres a un avantage par-dessus » toutes choses. Le Roi est assujetti aux champs ».

(ECCLÉSIASTE, *Ch. V.*)

» Le fer qui arme la charrue du laboureur, le fer que la terre polit et émousse par son frottement continuel, est mille fois plus puissant pour maintenir le Monarque sur son trône, pour le mettre à l'abri des attaques et des révolutions qui pourraient le renverser, que celui des lances les plus acérées, des glaives les plus tranchants ».

(*Extrait du Prospectus*).

L'*Agriculture* doit être regardée comme l'organe de publicité agricole de la Gironde et des départements voisins.

C'est à ce titre que le Directeur invite de nouveau tous les agronomes et cultivateurs de cette contrée, à lui faire part, soit de leurs observations, soit des mémoires qu'ils désireraient voir imprimer : le tout sera reçu avec reconnaissance et utilisé comme il convient.

Si cette invitation était entendue, ce serait là, pour l'agriculture, un puissant moyen de progrès.

On souscrit au journal l'*Agriculture*, à Bordeaux, aux librairies Th. LAFARGUE et Ch. LAWALLE, au cabinet de lecture de DELPECH, chez le Directeur, rue Henry IV, n.° 12, près de l'église Sainte-Eulalie. — 12 fr. par an, *franc de port.*

---

**DE LA CONNAISSANCE DES TERRES CULTIVÉES,** etc.,

Ouvrage de 550 pages, renfermant les leçons de la première partie du Cours complet d'Agriculture et leur application à la localité, avec Planches, Tableaux, etc....

Chez les mêmes libraires. — *Prix :* 7 fr

BORDEAUX, IMPRIMERIE DE TH. LAFARGUE, LIBRAIRE.

www.ingramcontent.com/pod-product-compliance
Lightning Source LLC
LaVergne TN
LVHW052018160826
845678LV00003B/1095
* 9 7 8 2 3 2 9 6 4 8 8 7 3 *